U0111130

鬥智擂台

謎語過三關 2

劉二安、朱墨兮　編選

新雅文化事業有限公司
www.sunya.com.hk

動動腦・猜猜謎

謎語這種文字遊戲由來已久，一直深受小朋友歡迎。謎語通過生動有趣的語言，勾畫出事物或文字的特徵，在猜謎的過程中有助培養小朋友的想像力和觀察力，讓小朋友寓學習於娛樂。

本書精選了 100 則益智有趣的謎語，涵蓋各種事物、文字和成語，並分為三關，包括簡易篇、中級篇和挑戰篇。每過一關，謎語的難度都會有所提升。

小朋友，準備好接受挑戰了嗎？一起進入愉快的猜謎時間吧！

目錄

第一關
簡易篇

1 四蹄飛奔鬃毛抖，
拉車載貨好幫手，
農民誇牠好伙伴，
騎兵愛牠如戰友。
（猜一動物）

2 小伙子，穿橙衣，
身軀藏到地底下，
地上只見綠頭髮。

（猜一蔬菜）

3 有頭沒有頸，
身上冷冰冰，
有翅不能飛，
無腳能前行。
（猜一動物）

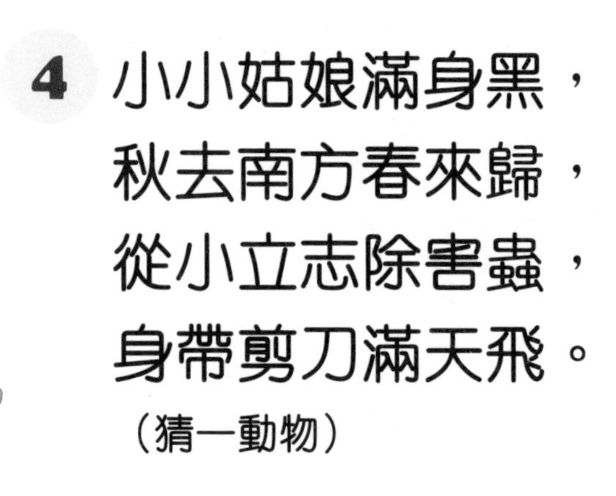

4 小小姑娘滿身黑，
秋去南方春來歸，
從小立志除害蟲，
身帶剪刀滿天飛。
（猜一動物）

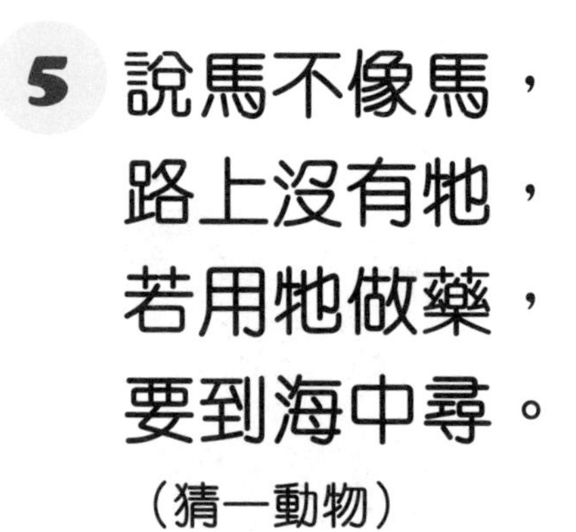

5 說馬不像馬，
路上沒有牠，
若用牠做藥，
要到海中尋。
（猜一動物）

6 長得像竹不是竹，
周身有節不太粗，
有些紫色有些綠，
鮮甜果汁能止渴。
（猜一植物）

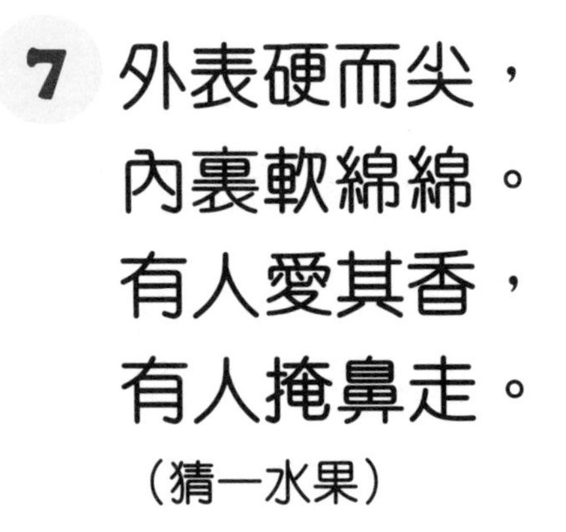

7 外表硬而尖，
內裏軟綿綿。
有人愛其香，
有人掩鼻走。
（猜一水果）

8 一個黃媽媽，
生性手段辣，
老來愈厲害，
小孩最怕她。
（猜一蔬菜）

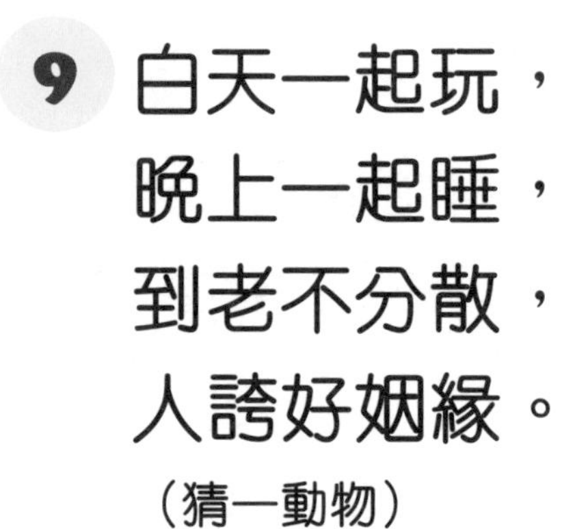

9 白天一起玩，
晚上一起睡，
到老不分散，
人誇好姻緣。

（猜一動物）

10 看似是老鼠，
尾巴毛茸茸，
攀爬樹枝間，
最愛吃果子。
（猜一動物）

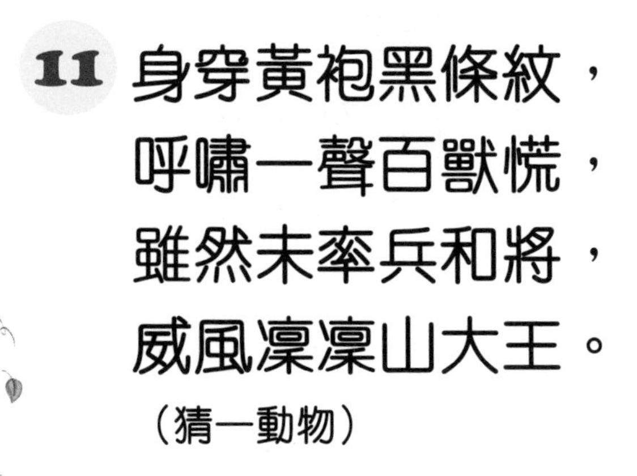

11 身穿黃袍黑條紋，
呼嘯一聲百獸慌，
雖然未率兵和將，
威風凜凜山大王。

（猜一動物）

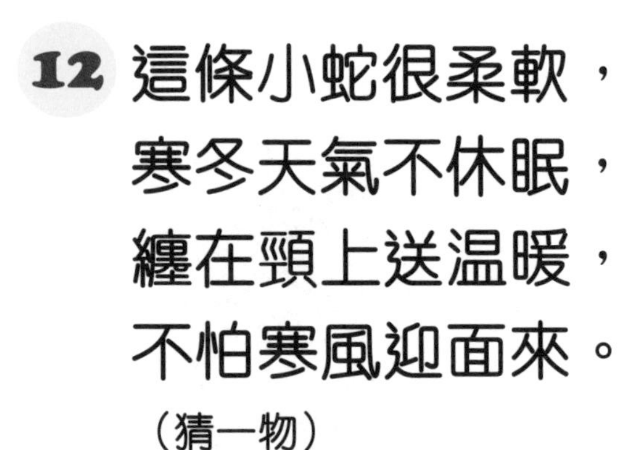

12 這條小蛇很柔軟，
寒冬天氣不休眠，
纏在頸上送温暖，
不怕寒風迎面來。

（猜一物）

13 電視機前琴一架，

琴前坐着書畫家，

不用筆墨只敲鍵，

字畫顯現屏幕中。

（猜一電子產品）

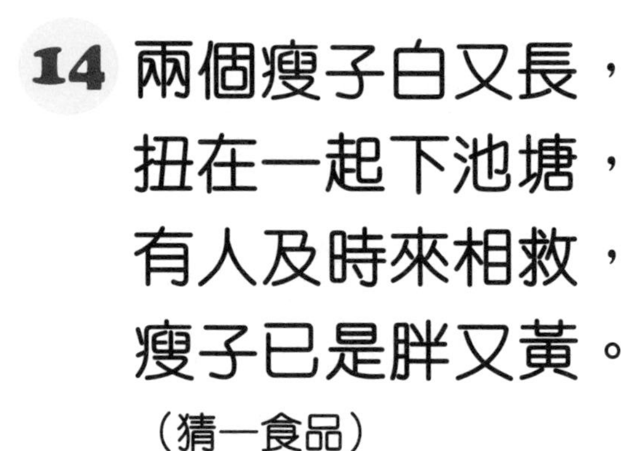

14 兩個瘦子白又長，
扭在一起下池塘，
有人及時來相救，
瘦子已是胖又黃。
（猜一食品）

15 愛在牆上爬，
飛蟲見牠怕。
名字雖威猛，
遇險斷尾逃。
（猜一動物）

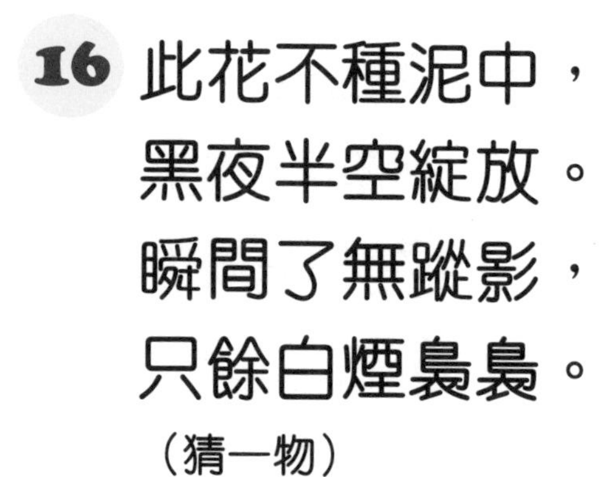

16 此花不種泥中，
黑夜半空綻放。
瞬間了無蹤影，
只餘白煙裊裊。
（猜一物）

17 不是西瓜不是蛋，
用手一撥會打轉，
別看它的個子小，
能載海洋和高山。
（猜一物）

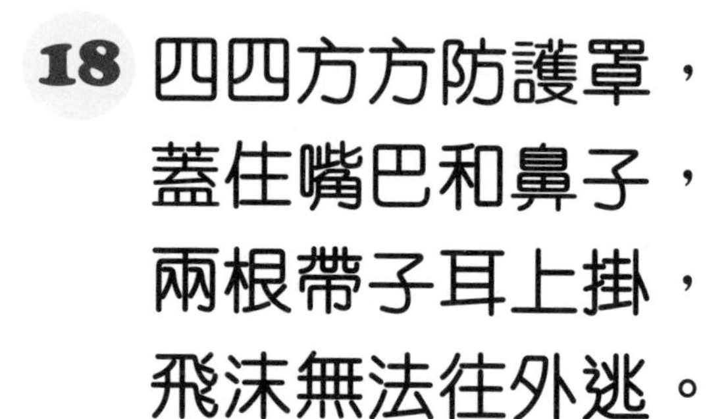

18 四四方方防護罩，
蓋住嘴巴和鼻子，
兩根帶子耳上掛，
飛沫無法往外逃。
（猜一物）

19 小小的箱子，
能把涼風送，
耗電不環保，
還是該少用。
（猜一電器）

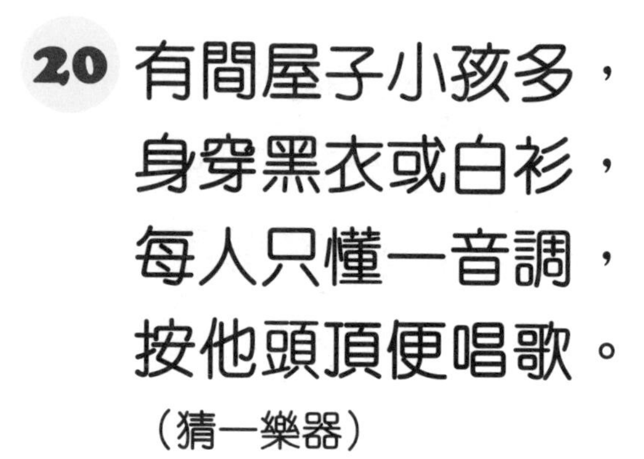

20 有間屋子小孩多，
身穿黑衣或白衫，
每人只懂一音調，
按他頭頂便唱歌。

（猜一樂器）

21 小巧玲瓏一個箱，
不用點火會有光，
只需短短數分鐘，
熱好飯菜滿屋香。

（猜一電器）

22 一校分成兩院落，
上院人少下院多，
學生擅長做算術，
移上移下便算好，
（猜一計算工具）

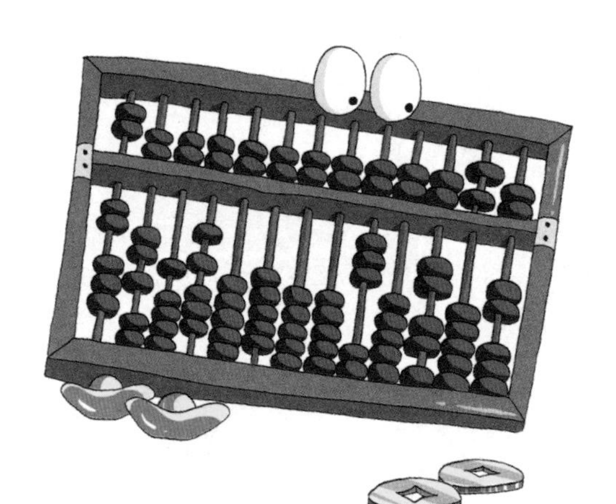

23 前後一隻腳，
腳掌圓滾滾，
騎它走得快，
但要懂平衡。

（猜一交通工具）

24 腳掌小，腿兒高，
戴紅帽，穿白袍。
（猜一動物）

25 駝背老公公，

髯子亂糟糟，

生前沒有血，

死後滿身紅。

（猜一動物）

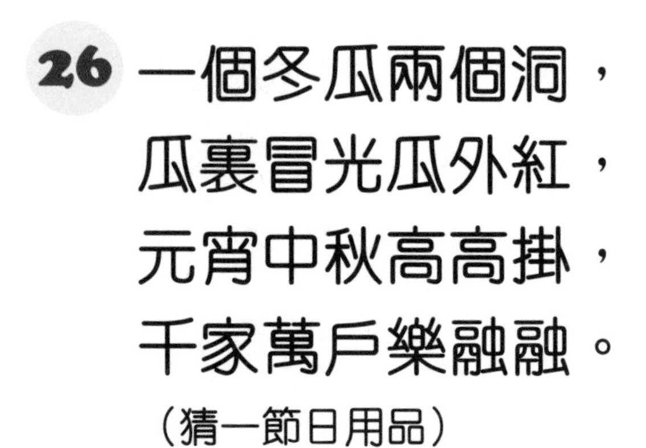

26 一個冬瓜兩個洞，
瓜裏冒光瓜外紅，
元宵中秋高高掛，
千家萬戶樂融融。

（猜一節日用品）

27 一個箱子真奇怪，
能伸能縮像彈弓，
黑白按鈕如鋼琴，
一拉它就唱起來。

（猜一樂器）

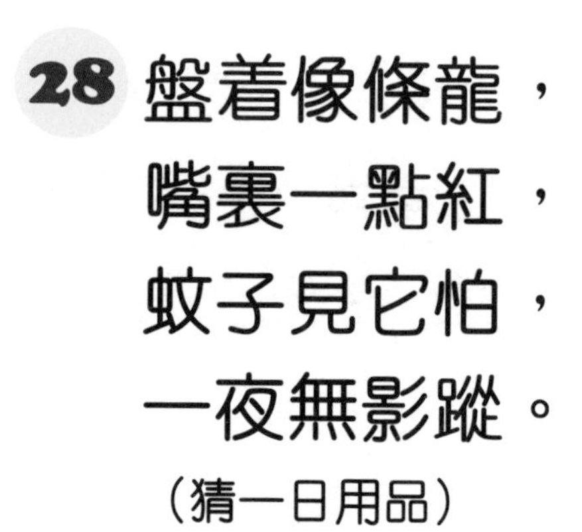

28 盤着像條龍，
嘴裏一點紅，
蚊子見它怕，
一夜無影蹤。
（猜一日用品）

第二關
中級篇

29 一間房子扁又長，
房內開了四方窗，
用嘴吹進一陣風，
音樂動聽聲響亮。
（猜一樂器）

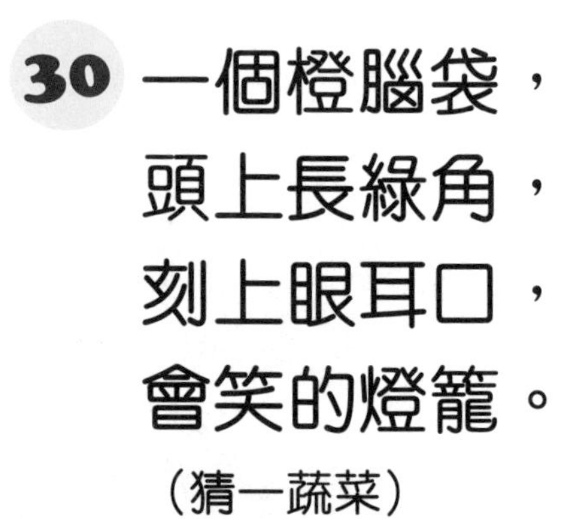

30 一個橙腦袋，
頭上長綠角，
刻上眼耳口，
會笑的燈籠。

（猜一蔬菜）

31 樹冠豐滿枝葉茂，
天然植物好染料，
樹皮果實可做藥，
葉子餵養蠶寶寶。

（猜一植物）

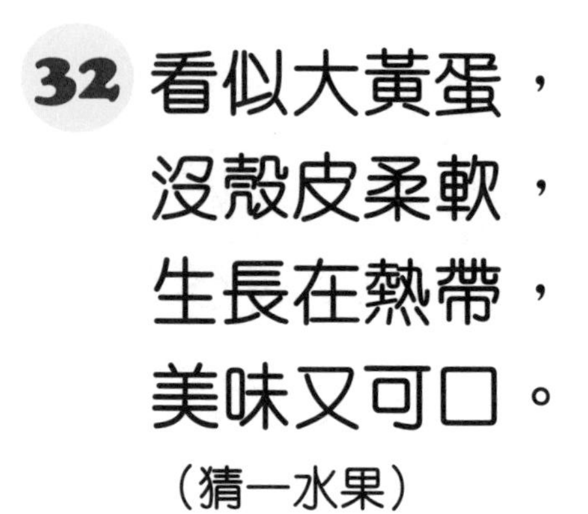

32 看似大黃蛋，
沒殼皮柔軟，
生長在熱帶，
美味又可口。
（猜一水果）

33 個子小，尾巴翹，
不會走路只會跳，
飛到樹上喳喳叫。
（猜一動物）

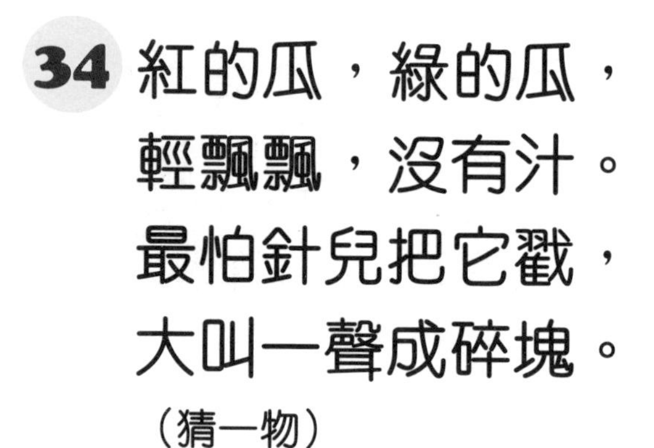

34 紅的瓜，綠的瓜，
輕飄飄，沒有汁。
最怕針兒把它戳，
大叫一聲成碎塊。
（猜一物）

35 青皮包白肉，
像個大枕頭，
莫聽名字冷，
暑天市場有。

（猜一蔬菜）

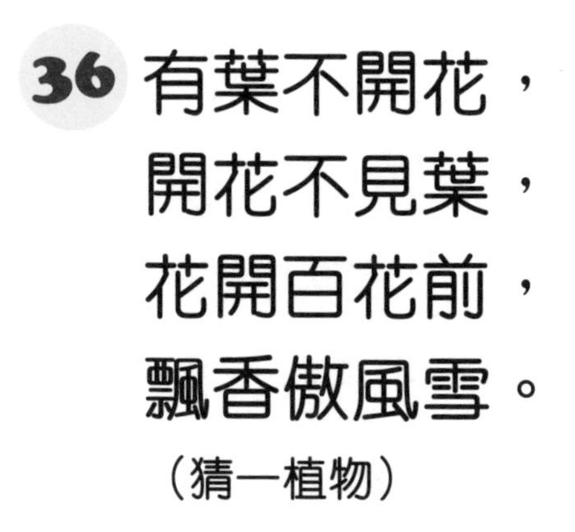

36 有葉不開花，
開花不見葉，
花開百花前，
飄香傲風雪。
（猜一植物）

37 頭上插着竹蜻蜓，
不長翅膀能飛翔，
險峻山嶺它能到，
拯救傷者於山中。

（猜一交通工具）

38 一個葫蘆七個洞，各洞用處不相同。

（猜一人體部位）

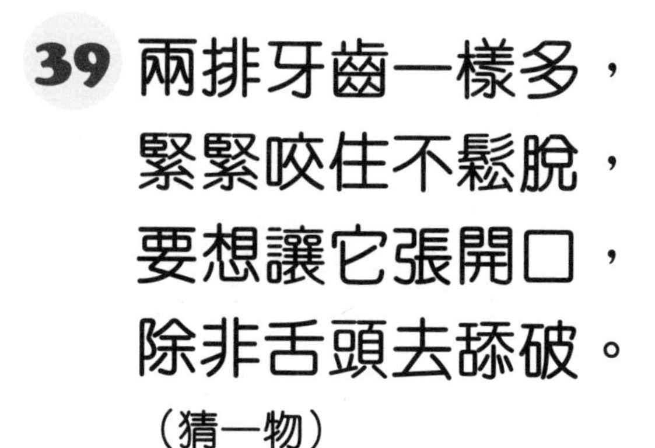

39 兩排牙齒一樣多，
緊緊咬住不鬆脫，
要想讓它張開口，
除非舌頭去舔破。
（猜一物）

40 長胳膊，猴兒臉，
森林裏面開心玩，
摘野果，搗鵲蛋，
抓住樹枝盪秋千。

（猜一動物）

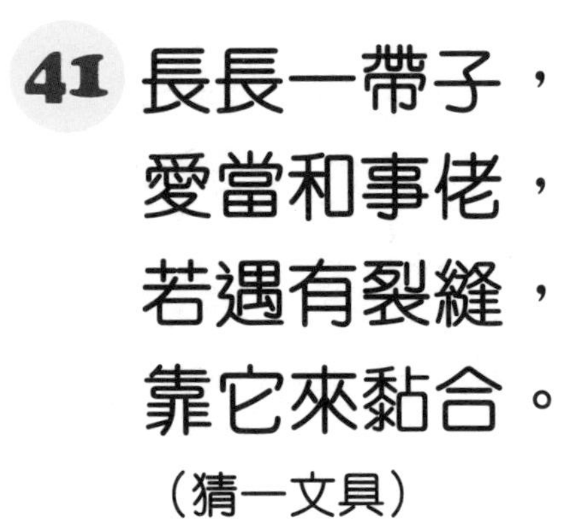

41 長長一帶子，
愛當和事佬，
若遇有裂縫，
靠它來黏合。

（猜一文具）

42 麻房子，紅帳子，
裏面住了白胖子。

（猜一食品）

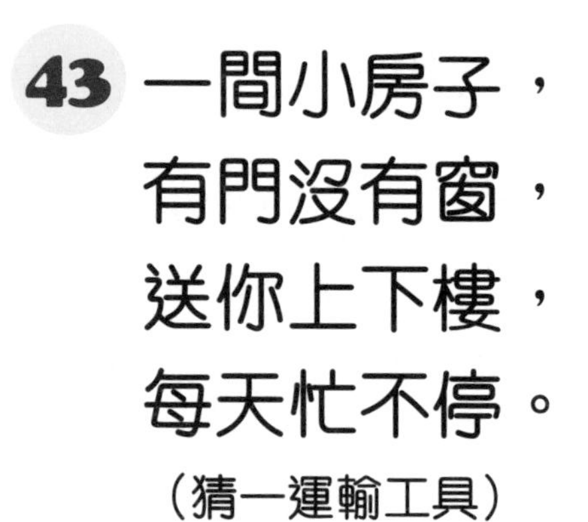

43 一間小房子，
有門沒有窗，
送你上下樓，
每天忙不停。
（猜一運輸工具）

44 有風身不動，
一動就有風，
待到秋風起，
得物無所用。
（猜一物）

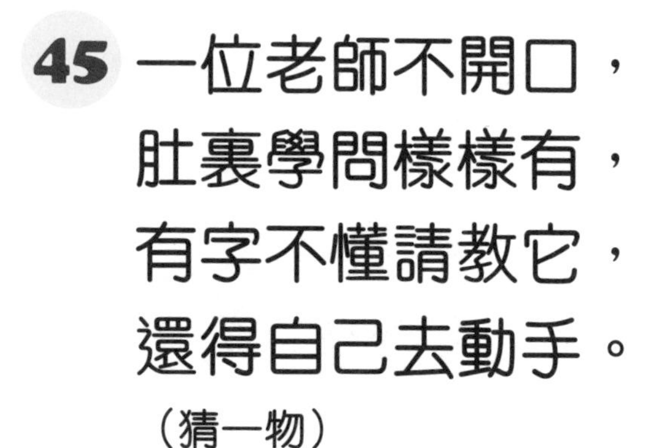

45 一位老師不開口，
肚裏學問樣樣有，
有字不懂請教它，
還得自己去動手。
（猜一物）

46 此物脾氣怪，
鋼鐵它最愛，
遇到便黏上，
不扯不分開。

（猜一物）

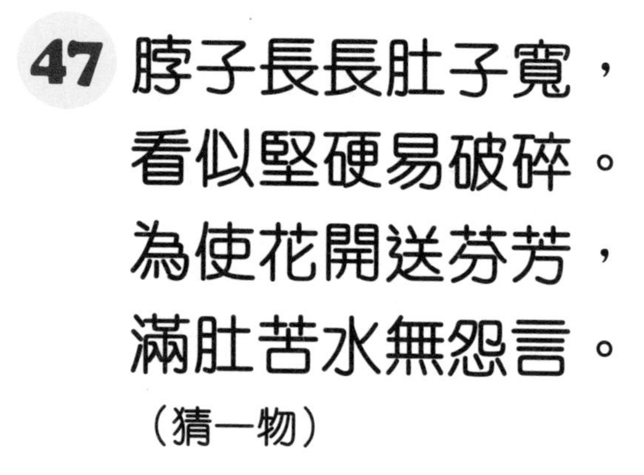

47 脖子長長肚子寬，
看似堅硬易破碎。
為使花開送芬芳，
滿肚苦水無怨言。
（猜一物）

48 有個小寶寶，
山谷捉迷藏，
學話本領高，
找他找不到。
（猜一自然現象）

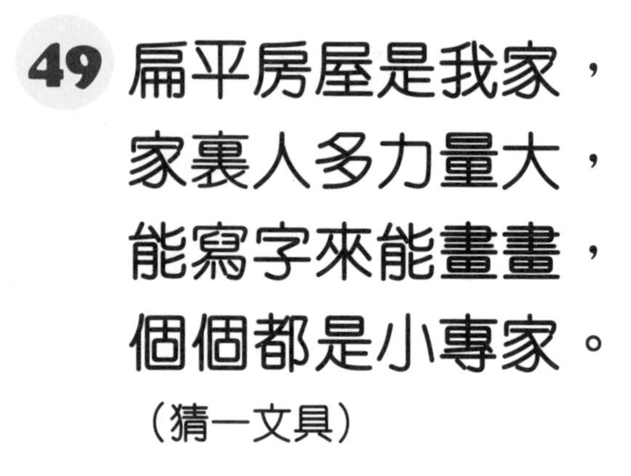

49 扁平房屋是我家，
家裏人多力量大，
能寫字來能畫畫，
個個都是小專家。
（猜一文具）

50 身上滑溜溜，

喜歡鑽河底，

張嘴吐泡泡，

可以測天氣。

（猜一動物）

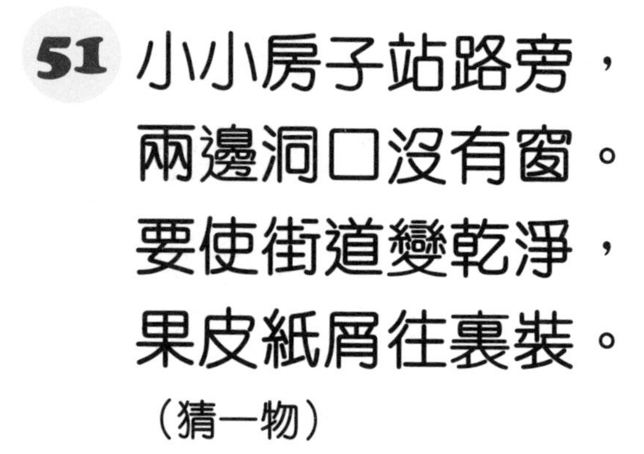

51 小小房子站路旁，
兩邊洞口沒有窗。
要使街道變乾淨，
果皮紙屑往裏裝。
（猜一物）

52 細腰姐姐很愛美，
頭髮長長往下垂，
最愛站立在湖邊，
拿水當鏡笑咪咪。

（猜一植物）

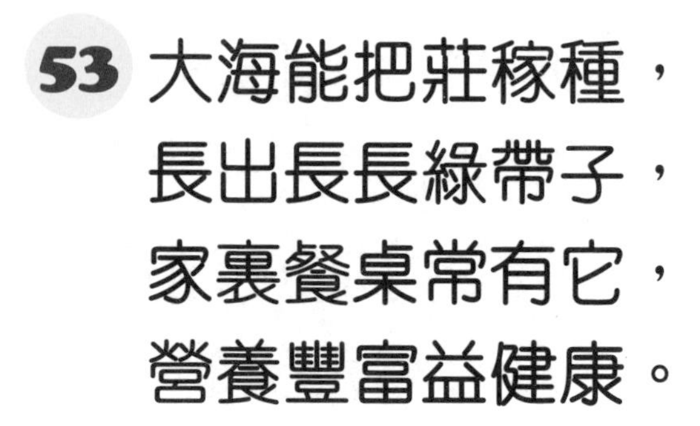

53 大海能把莊稼種，
長出長長綠帶子，
家裏餐桌常有它，
營養豐富益健康。

（猜一食品）

54 外面冷冰冰，
裏面熱心腸，
一夜到天亮，
肚裏仍不涼。
（猜一日用品）

55 一根繩，地裏鑽，翻鬆泥土最擅長。

（猜一動物）

56 身穿綠衣裳，

肩扛兩把刀，

莊稼地裏走，

害蟲慌忙逃。

（猜一昆蟲）

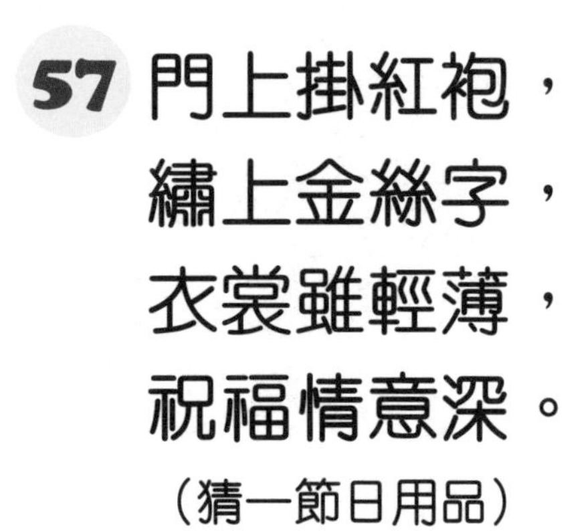

57 門上掛紅袍，
繡上金絲字，
衣裳雖輕薄，
祝福情意深。
（猜一節日用品）

58 小小一個缸，

裝滿紅餃子，

吃掉紅餃子，

吐出白珠子。

（猜一水果）

59 沒有頭，沒有尾，
聽了多少知心話，
不在人前說是非。
（猜一日用品）

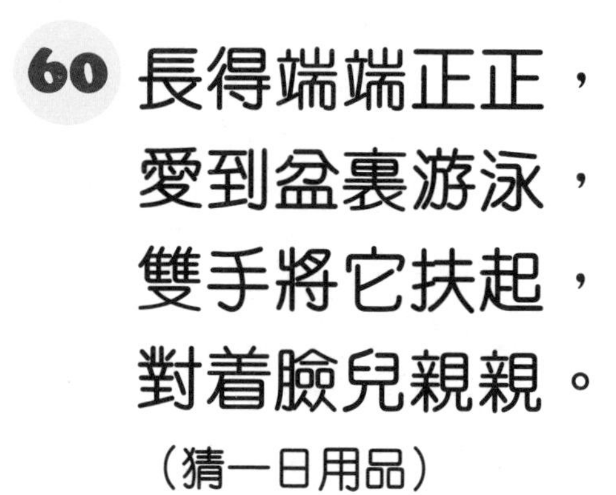

60 長得端端正正，
愛到盆裏游泳，
雙手將它扶起，
對着臉兒親親。
（猜一日用品）

61 有塊鏡子真奇妙，
矮子到前就長高，
胖子到前變苗條，
樂得他們笑呵呵。

（猜一物）

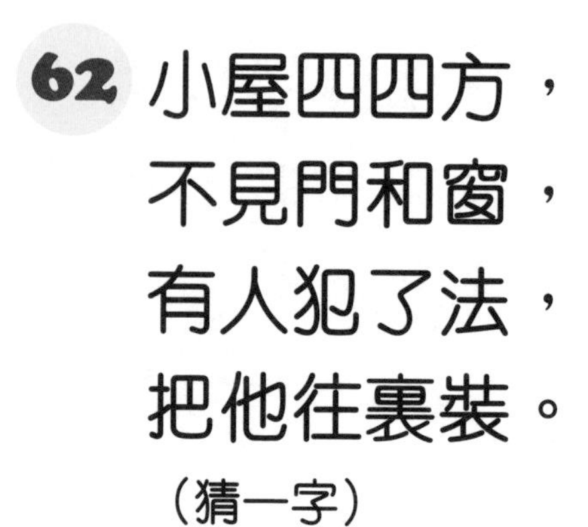

62 小屋四四方，
不見門和窗，
有人犯了法，
把他往裏裝。
（猜一字）

第三關
挑戰篇

63 遠看山有色，
近聽水無聲，
春去花還在，
人來鳥不驚。
（猜一物）

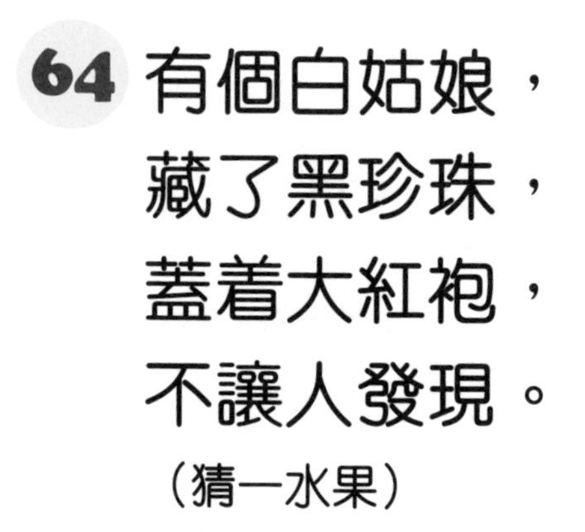

64 有個白姑娘，
藏了黑珍珠，
蓋着大紅袍，
不讓人發現。

（猜一水果）

65 得天獨厚豔而香，
國色天香美名揚，
不愛攀附獻媚色，
何懼飄落到他鄉。

（猜一植物）

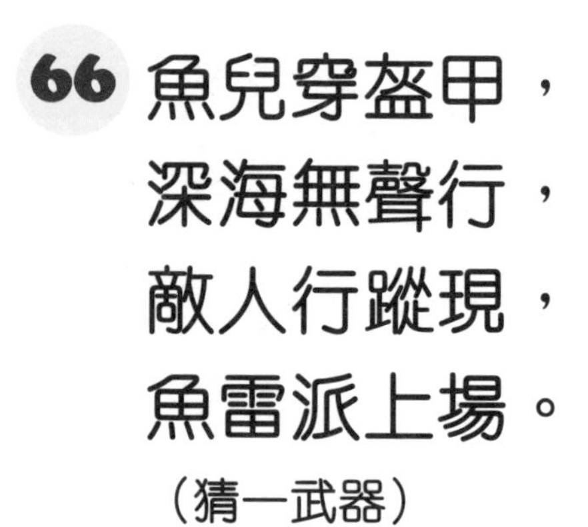

66 魚兒穿盔甲，
深海無聲行，
敵人行蹤現，
魚雷派上場。

（猜一武器）

67 黃銅鈴，像琵琶，
裏面長了黑鐵心。

（猜一水果）

68 邊吃邊談。

（猜一人體部位）

69 不是紫竹不是麻，
樹高三尺開黃花。
黃花落了結青果，
青果肚裏開白花。
（猜一植物）

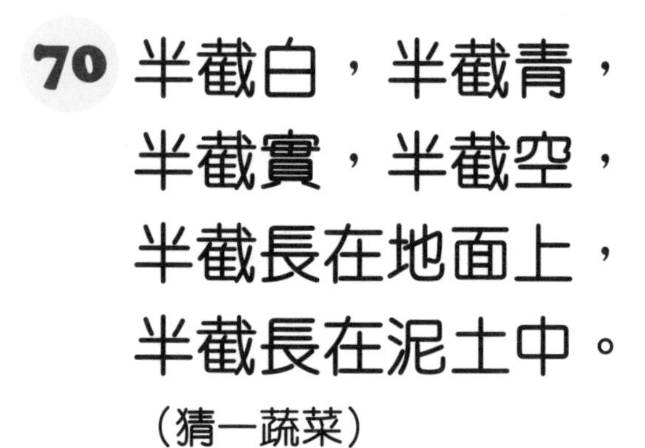

70 半截白，半截青，
半截實，半截空，
半截長在地面上，
半截長在泥土中。

（猜一蔬菜）

71 一個瓜，腰上掛，
摘了蒂，就開花。
（猜一武器）

72 鐵嘴巴，尖又長，

走一步，咬一口。

（猜一文具）

73 有耳可以聽到，
有口可以請教，
有手可以撫摸，
有心反而煩惱。
（猜一字）

74 高高山頭種韭菜，
不稀不密剛兩排。

（猜一人體部位）

75 一物生得奇，

越洗越骯髒，

不洗還能喝，

洗了喝不得。

（猜一自然物）

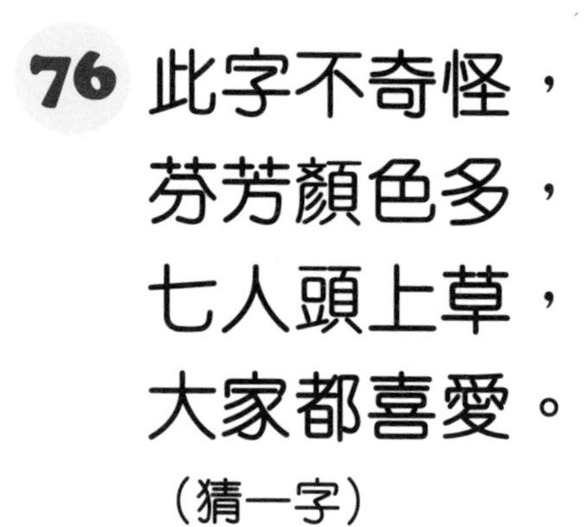

76 此字不奇怪，
芬芳顏色多，
七人頭上草，
大家都喜愛。

（猜一字）

77 兩個日字肩並肩，
兩個山字尖對尖，
四個王字轉又轉，
四個口字緊相連。

（猜一字）

78 哥哥有，弟弟沒有，

老吳有，老李沒有。

（猜一字）

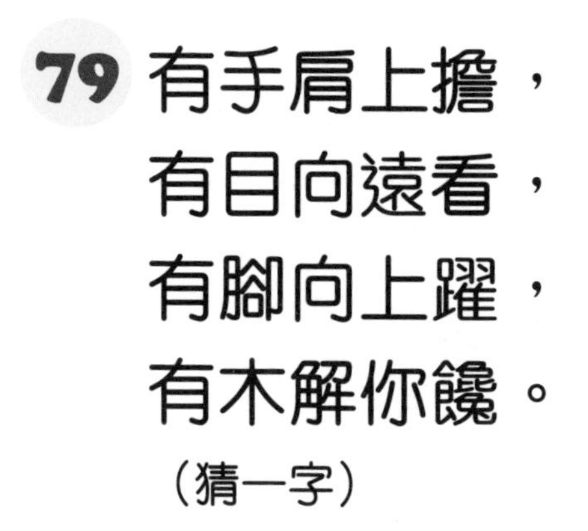

79 有手肩上擔，
有目向遠看，
有腳向上躍，
有木解你饞。
（猜一字）

80 狂風呼呼吹，
捲起地上沙，
天空下黃土，
人人躲在家。
（猜一天氣現象）

81 一棵樹，五枝椏，不長葉子不開花。

（猜一人體部位）

82 一頭青絲髮，
身穿魚鱗甲，
寒冬不落葉，
狂風吹不倒。
（猜一植物）

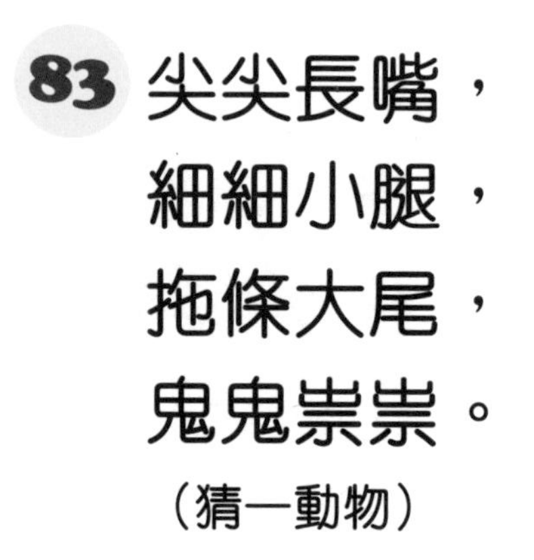

83 尖尖長嘴，
細細小腿，
拖條大尾，
鬼鬼祟祟。
（猜一動物）

84 根底不深站得高，
要長要短看喜好，
為求姿容儀態美，
每天整理不能少。
（猜一人體部位）

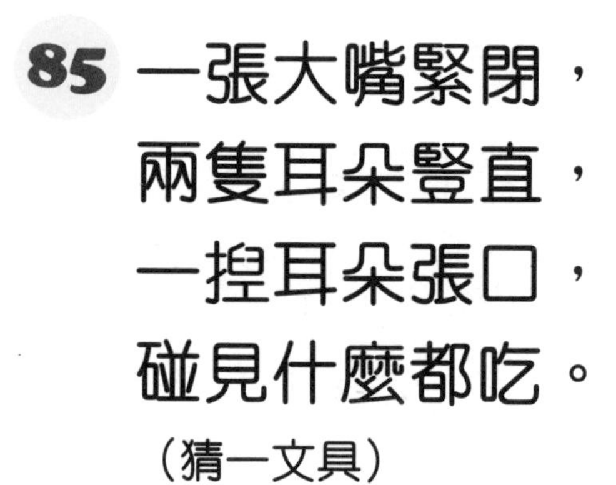

85 一張大嘴緊閉，
兩隻耳朵豎直，
一捏耳朵張口，
碰見什麼都吃。

（猜一文具）

86 一對幼童去砍柴，
力氣用盡掉下崖，
雖然二人無損傷，
夾在山裏出不來。
（猜一字）

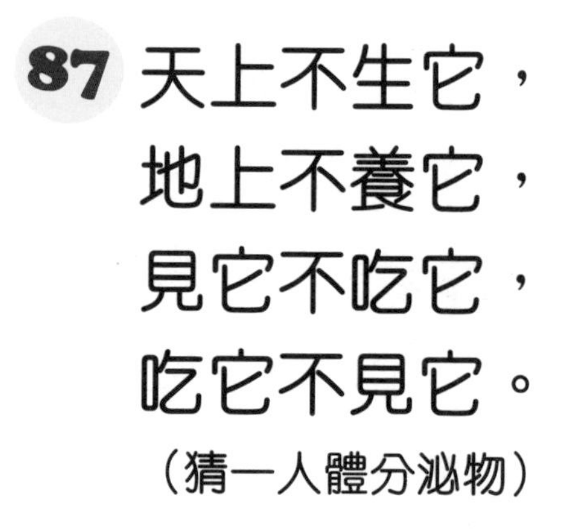

87 天上不生它，
地上不養它，
見它不吃它，
吃它不見它。
（猜一人體分泌物）

88 有人住在框裏，

對你笑而不語。

跟他打聲招呼，

他仍一動不動。

（猜一物）

89 醒後得知夢一場。

（猜一《西遊記》人物名）

90 試題要出簡單些。

（猜一成語）

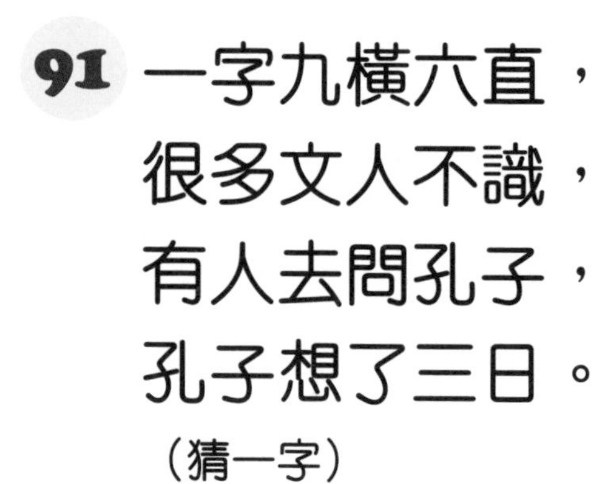

91 一字九橫六直，
很多文人不識，
有人去問孔子，
孔子想了三日。

（猜一字）

92 這件東西三張口，
富貴貧賤人人有，
新舊厚薄無所謂，
沒有不能見朋友。
（猜一物）

93 格外大方。

（猜一字）

94 有個大王生得惡，
頭上長了兩隻角，
腰間撞上一木棍，
痛得左腳盤右腳。
（猜一字）

95 一個字，尾巴彎，
雖有用，扔一旁。
（猜一字）

96 一個字，千張嘴，
想要活，給它水。
（猜一字）

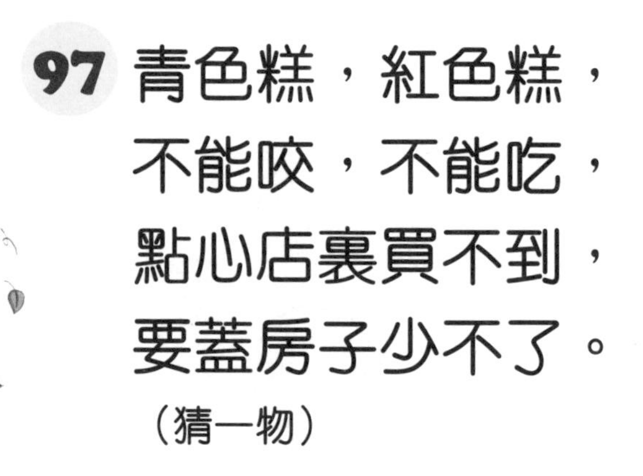

97 青色糕，紅色糕，
不能咬，不能吃，
點心店裏買不到，
要蓋房子少不了。
（猜一物）

98 太陽出來喜洋洋。

（猜一祝賀用語）

99 看似缺少水，
偏偏滿是水。
（猜一字）

100 一隻狗，
兩個口，
誰遇牠，
誰發愁。
（猜一字）

FOOD

你已完成挑戰，
真厲害啊！

答案

1+1=2
2+2=
3+3=

第一關　簡易篇

1. 馬
2. 紅蘿蔔
3. 魚
4. 燕子
5. 海馬
6. 甘蔗
7. 榴槤
8. 薑
9. 鴛鴦
10. 松鼠
11. 老虎
12. 頸巾
13. 電腦
14. 油條
15. 壁虎
16. 煙花
17. 地球儀
18. 口罩
19. 冷氣機
20. 鋼琴
21. 微波爐
22. 算盤
23. 單車
24. 鶴
25. 蝦
26. 燈籠
27. 手風琴
28. 蚊香

第二關　中級篇

29. 口琴
30. 南瓜
31. 桑樹
32. 芒果
33. 麻雀
34. 氣球
35. 冬瓜
36. 梅花
37. 直升機
38. 頭
39. 拉鍊
40. 長臂猿
41. 膠紙
42. 花生
43. 升降機
44. 扇子
45. 字典
46. 磁石
47. 花瓶
48. 回聲
49. 筆盒
50. 泥鰍
51. 垃圾桶
52. 柳樹
53. 海帶
54. 熱水瓶
55. 蚯蚓
56. 螳螂
57. 揮春
58. 橙
59. 枕頭
60. 毛巾
61. 哈哈鏡
62. 囚

第三關　挑戰篇

63. 畫
64. 荔枝
65. 牡丹
66. 潛艇
67. 枇杷
68. 食道
69. 棉花
70. 葱
71. 手榴彈
72. 剪刀
73. 門
74. 眉毛
75. 水
76. 花
77. 田
78. 口
79. 兆
80. 沙塵暴
81. 手
82. 松樹
83. 狐狸
84. 頭髮
85. 長尾夾
86. 幽
87. 唾液
88. 人像畫
89. 孫悟空
90. 高深莫測
91. 晶
92. 褲子
93. 回
94. 姜
95. 甩
96. 舌
97. 磚
98. 生日快樂
99. 泛
100. 哭

《鬥智擂台》系列

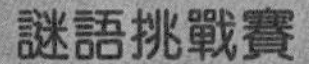
謎語挑戰賽 1

謎語挑戰賽 2

謎語過三關 1

謎語過三關 2

IQ 鬥一番 1

IQ 鬥一番 2

IQ 鬥一番 3

金牌數獨 1

金牌數獨 2

金牌語文大比拼：字詞及成語篇

金牌語文大比拼：詩歌及文化篇

鬥智擂台

謎語過三關 ②

編　　選：劉二安、朱墨兮
繪　　圖：飛翔巴士
責任編輯：陳志倩
美術設計：王樂佩
出　　版：新雅文化事業有限公司
香港英皇道 499 號北角工業大廈 18 樓
電話：(852) 2138 7998
傳真：(852) 2597 4003
網址：http://www.sunya.com.hk
電郵：marketing@sunya.com.hk
發　　行：香港聯合書刊物流有限公司
香港荃灣德士古道 220-248 號荃灣工業中心 16 樓
電話：(852) 2150 2100
傳真：(852) 2407 3062
電郵：info@suplogistics.com.hk
印　　刷：中華商務彩色印刷有限公司
香港新界大埔汀麗路 36 號
版　　次：二〇一八年十一月初版
二〇二四年六月第五次印刷

原書名：《中國少年兒童智力挑戰全書：益智謎語》
本書經由浙江少年兒童出版社有限公司獨家授權中文繁體版
在香港、澳門地區出版發行。

ISBN: 978-962-08-7157-3

18/F, North Point Industrial Building, 499 King's Road, Hong Kong
Published in Hong Kong SAR, China
Printed in China